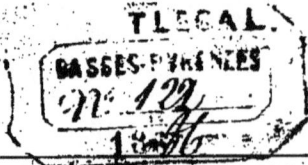

Congrès International d'Hydrologie et de Climatologie

DE BIARRITZ

1886

RAPPORT

SUR LES

INDICATIONS & APPLICATIONS THÉRAPEUTIQUES

DES EAUX MINÉRALES AZOTÉES

D'Urberuaga de Ubilla (Biscaye, Espagne)

Pour la guérison des affections de l'appareil respiratoire, suivi des tableaux stat stiques des saisons, depuis 1876 jusqu'en 1885

LU PAR LE MEMBRE ADHÉRENT

M. J. JIMENEZ DE PEDRO

DOCTEUR EN MÉDECINE ET CHIRURGIE, PHARMACIEN, PREMIER VICE-PRÉSIDENT DE LA SOCIÉTÉ ESPAGNOLE D'HYDROLOGIE MÉDICALE, MEMBRE CORRESPONDANT ÉTRANGER DE CELLE DE PARIS, DIRECTEUR-PROPRIÉTAIRE DE L'ÉTABLISSEMENT THERMAL D'URBERUAGA DE UBILLA (BISCAYE, ESPAGNE), ETC., ETC.

BAYONNE

IMPRIMERIE A. LAMAIGNÈRE, RUE VICTOR HUGO, 39

1886

RAPPORT

SUR LES

EAUX MINÉRALES AZOTÉES

D'URBERUAGA DE UBILLA *(Biscaye)*

Congrès International d'Hydrologie et de Climatologie

DE BIARRITZ

1886

RAPPORT

SUR LES

INDICATIONS & APPLICATIONS THÉRAPEUTIQUES

DES EAUX MINÉRALES AZOTÉES

D'Urberuaga de Ubilla (Biscaye, Espagne)

Pour la guérison des affections de l'appareil respiratoire, suivi des tableaux statistiques des saisons, depuis 1876 jusqu'en 1885

LU PAR LE MEMBRE ADHÉRENT

M. J. JIMENEZ DE PEDRO

DOCTEUR EN MÉDECINE ET CHIRURGIE, PHARMACIEN, PREMIER VICE-PRÉSIDENT DE LA SOCIÉTÉ ESPAGNOLE D'HYDROLOGIE MÉDICALE, MEMBRE CORRESPONDANT ÉTRANGER DE CELLE DE PARIS, DIRECTEUR-PROPRIÉTAIRE DE L'ÉTABLISSEMENT THERMAL D'URBERUAGA DE UBILLA (BISCAYE, ESPAGNE), ETC., ETC.

BAYONNE

IMPRIMERIE A. LAMAIGNÈRE, RUE VICTOR HUGO, 39

1886

(C.)

Rapport

SUR LES

EAUX MINÉRALES AZOTÉES

D'URBERUAGA DE UBILLA (Biscaye)

~~~~~~~~~

Messieurs,

Le but que je me propose est d'appeler l'attention des honorables Membres du Congrès International d'Hydrologie et de Climatologie de Biarritz sur des faits bien définis et concrets, qui résultent d'observations faites pendant une longue carrière professionnelle et de l'expérience acquise dans les seize années que je suis resté à la tête de l'Etablissement thermal d'*Urberuaga de Ubilla* (Biscaye, Espagne), relativement aux résultats que l'on obtient pour la guérison ou l'adoucissement des affections de l'appareil respiratoire, en faisant usage des eaux et des moyens atmiatriques de l'Etablissement précité.

Quant à l'azote et aux eaux azotées, j'ai recueilli des documents et des faits qui sont bien connus dans mon pays et que je ne suppose pas ignorés par nombre de Membres de ce Congrès. Je les ai exposés dans plusieurs publications scientifiques, et spécialement dans quelques discours que j'eus l'honneur de prononcer en 1878 devant la Société Espagnole d'Hydrologie Médicale. Ils ont été imprimés en 1879, ont été répandus à profusion parmi mes collègues nationaux et ont même été envoyés à la Société Hydrologique de Paris en temps opportun.

Les eaux azotées qui, depuis plus de quarante ans, figurent dans la taxonomie hydrologique espagnole, diffèrent, d'après ma manière de voir, des autres eaux minérales :

1º Dans la prédominance chimique de l'azote, c'est-à-dire que l'azote, libre ou dissous, prédomine en elles d'une manière notable, dépassant les limites de maximum de saturation de ce gaz dans l'eau et se dégageant abondamment à sa sortie ;

2º Dans la minéralisation, qui est très peu marquée ;

3º Dans l'action thérapeutique très sensible, déduite et vérifiée par l'observation clinique.

Ces trois propriétés s'ajoutent à la nature chimique des eaux d'*Urberuaga de Ubilla*. Cette station balnéaire se trouve située dans les gorges de montagnes fertiles de la province de Biscaye, arrondissement de Marquina, à 60 mètres au-dessus du niveau de la mer, entre le 1º 11″ de longitude Est du méridien de Madrid et le 43º 17′ 30″ de latitude Nord. Elle n'est qu'à deux kilomètres de Marquina sur la rive droite de la rivière *Ubilla*, qui la sépare de la route. Celle-ci va, en longeant la côte, s'enlacer au port d'Ondarroa (limite de la province) avec celle qui se dirige sur Saint-Sébastien. Soixante-douze kilomètres seulement séparent cette dernière ville d'*Urberuaga de Ubilla*.

Celle-ci possède trois sources : l'une, la « Fuente de Santa Agueda », est destinée à la boisson, aux gargarismes et aux bains ; l'autre, la source de « San Juan Bautista », est exclusivement employée pour l'inhalation des gaz qui s'évaporent spontanément ; et enfin la troisième sert pour les inhalations azotées, les pulvérisations locales, les douches pharyngiennes, l'ouïe, les fosses nasales et pour la chambre de respiration d'eau pulvérisée. Ces trois sources réunies produisent 782,928 litres toutes les vingt-quatre heures, dont 88,128 litres correspondent à la source de la « Fuente de Santa Agueda », 423,360 litres à celle de « San Juan Bautista » et enfin 271,928 litres à celle de « San Justo ».

Toute l'eau provenant des sources est claire, transparente, inodore, d'une saveur agréable et avec réaction légèrement acidulée ; il se produit, en outre, un dégagement de bulles gazeuses qui augmentent à mesure qu'on agite l'eau. Elle a une température constante de 27° centigrades ; sa densité est de 1,000187.

Les eaux jaillissent de roches calcaires qui se trouvent à des niveaux différents par rapport à la rivière ; on les distingue par une abondante émanation de gaz en grosses bulles, qui sortent des sources en traversant l'eau pour venir crever à sa surface. Ces bulles de gaz ont un diamètre qui varie entre $1^{c/m}$ 1/2 et $3^{c/m}$ 1/2.

L'eau des trois sources contient 45,35 centimètres cubes de gaz dissous. Ce dernier mélange de gaz se compose de $32^{c/m}$ cubes, 13 d'azote, $11^{c/m}$ cubes 68 d'acide carbonique et $1^{c/m}$ cube 54 d'oxygène. Selon une analyse faite par l'éminent professeur de chimie à l'Université de Madrid, le docteur Saenz Diez (Emmanuel), ancien élève de Wurtz et du vénérable Dumas, les gaz qui se dégagent ou s'exhalent spontanément, se composent de 97,414 centimètres cubes d'azote et de $2^{c/m}$ cubes 586 d'acide carbonique pour 100 volumes de mélange gazeux dégagé par les sources de Santa Agueda et de San Juan Bautista, et de $96^{c/m}$ cubes 83 d'azote, de $2^{c/m}$ cubes 56 d'acide carbonique et $0^{c/m}$ cubes

61 d'oxygène pour 100 autres volumes du mélange de gaz exhalés par la source de San Justo.

Ces gaz 'aissent un résidu fixe de 0gr314130 par litre d'eau, dans la composition de laquelle entrent les carbonates alcalins, alcalins terreux et carbonate de fer, les chlorures, sulfates et nitrates alcalins et alcalin terreux, et même des traces d'alumine, de lithine, de phosphates et de matière organique (1).

---

(1) COMPOSITION D'UN LITRE D'EAU

	Substances fixes	Grammes	Grammes
	Carbonate de soude..............	0,002113	
	— d'ammoniaque	0,002769	
	— de chaux.............	0.078737	
	— de magnésie........	0,035313	
	— de fer..............	0,003416	
	Chlorure de soude.............	0,041911	
Corps qui sont	Sulfate de potasse............	0,004163	0,310437
pesés............	— de soude..............	0,039781	
	— de chaux.............	0,034510	
	Nitrate d'ammoniaque.........	0,001117	
	Silicate de soude.............	0,016367	
	Chlorure de chaux..	0,026629	
	de magnésie..........	0,041911	
	Silice.....................	0,011400	
Corps qui ne sont	Alumine.............................		
pas pesés..........	Lithine.............................		0,003603
	Phosphates.........................		
	Matière organique...................		
	Total..		0,314130

GAZ

		Centimètres cubes		Grammes
Un litre d'	en dissolution	32,13	Azote......................	0,0403
		11,68	Acide carbonique............	0,0229
		1,54	Oxygène	0,0022
Total......		45,35	Mélange...........	0,0654

La température d'Urberuaga pendant la saison balnéaire de Juin à Octobre varie entre 12° centigrades et 22°, atteignant rarement 24° ou 28°. La température moyenne est, d'après mes observations, de 17°.

Les vents qui règnent sont ceux du N.-O. et S.-E. et la pression barométrique est en général de 755 millimètres.

Voilà, en résumé, quelles sont les qualités des eaux et les conditions du climat d'Urberuaga. L'installation balnéothérapique, étant aussi complète que dans les premiers Etablissements, ne laisse rien à désirer.

On y trouve d'élégantes et commodes dépendances pour les diverses applications des eaux, et tous les appareils les plus modernes, ceux-ci provenant en plus grande partie des meilleures fabriques, et quelques-uns, comme ceux de la chambre de respiration d'eau pulvérisée, construits à Madrid par un artiste, et sous ma direction.

Le mélange gazeux qui se détache spontanément en grande abondance des sources est composé par chaque 100 volumes :

Les deux sources de Santa Agueda et San Juan Baulista	La source de San Justo
97cc'414 d'azote.	96cc'83 d'azote.
et 2 '586 d'acide carbonique.	0 56 d'acide carbonique.
par 100.000 volumes de mélange.	et 2 '61 d'oxygène.
	par 100.00 volumes de mélange.

Désirant connaître la quantité totale des gaz qui se dégagent en un temps donné, et après avoir disposé un appareil pour les recueillir, autant que pouvait le permettre la disposition des sources, on a obtenu 2 litres 23 en demi-heure ou bien 4 litres 46 en une heure, ou encore 107 litres 84 dans 24 heures. Il faut dire que la quantité obtenue est celle que l'on a prise pour minimum, car il doit forcément s'en dégager une plus grande quantité, puisqu'il n'a pas été possible d'appliquer contre les murs de la source l'espèce de cloche en zinc que l'on construisit dans cet objet, et qui laissait autour de ses bords un espace de 2 ou 3^{c}/$_{m}$ sur toute la circonférence du puits sans que la cloche couvrit l'eau, a dû laisser échapper une partie des gaz. Ceci explique que la quantité de gaz déterminée et la quantité dissoute ou en suspension dans l'eau ne correspondent pas à la proportion où se trouve l'azote dans l'atmosphère des cabinets d'inhalation.

Dr SAENZ DIEZ, Emmanuel.

Dans les dépendances, parmi tous les moyens que possède l'hydrothérapie moderne, en ce qui concerne les bains généraux et locaux, on compte les douches sous toutes les formes, qui peuvent varier à volonté de pression et de température, les pulvérisations et douches pharyngiennes, auriculaires et nasales, des cabines pour bains et jets de vapeur d'eau minérale. Mais ce qui vraiment caractérise l'Etablissement dont je suis chargé, est la chambre de respiration d'eau pulvérisée et des gaz qu'elle exhale, ainsi que les chambres d'inhalation.

La première est alimentée par 170 jets capillaires, indépendants les uns des autres, qui projettent l'eau d'une manière toujours uniforme et à grande pression, laquelle va se pulvériser contre des disques métalliques convenablement disposés. Derrière l'Etablissement se trouve une machine à vapeur qui fait fonctionner la pompe correspondante avec beaucoup de régularité et à la pression voulue. La température de cette chambre est de 23° à 25° centigrades.

L'analyse faite dans l'atmosphère de cette chambre de respiration de l'eau minérale pulvérisée, avant de commencer les séances, mais les appareils ayant fonctionné demi-heure et après une séance de 15 minutes par 28 malades, a donné pour 100 volumes le résultat suivant : (1)

---

(1) ATMOSPHÈRE DE LA CHAMBRE DE RESPIRATION
DE L'EAU MINÉRALE PULVÉRISÉE

	Avant de commencer le service les appareils ayant fonctionné une demi-heure	Après une séance de 15 minutes, 28 malades.
Azote..................	83cc'55	87cc'34
Oxygène...............	15 '08	10 '86
Acide carbonique.......	1 '37	1 '80
TOTAL	100 '00	100 '00

Dr SAENZ DIEZ.

CABINETS D'INHALATION. — Les deux sources les plus riches, celles de San Juan Bautista et de San Justo, sont destinées aux installations de cabinets appropriés à la respiration des gaz qui se dégagent spontanément mélangés avec l'air atmosphérique. Au-dessus de cette dernière source on a construit un cabinet qui, selon l'opinion de tous ceux qui ont visité ces thermes et qui ont pu les comparer à ceux qui existent en Espagne et à l'étranger, remplit toute les conditions de ventilation, etc., etc., que l'on puisse exiger. On peut même assurer que, comme inhalation azotée, cette installation répond de la manière la plus simple, la plus utile et la plus agréable aux exigences des malades. En effet, ceux-ci peuvent se tenir debout, ou dans la position qui leur convient le mieux, lisant, conversant, etc.... tout en se trouvant entourés d'une *atmosphère médicinale dont la composition est toujours connue* (1) et soigneusement conservée.

On y reste de 15 à 30 minutes, une ou plusieurs fois par jour, suivant la maladie et l'état du malade, sans que celui-ci ait besoin d'appliquer la bouche contre des embouchures plus ou moins préjudiciables et toujours incommodes. De cette manière et en imitant les procédés dont se sert la nature pour les phénomènes de la respiration, sans nécessité

---

(1) La composition du mélange gazeux qui constitue l'atmosphère des cabinets d'inhalation est aussi par 100 volumes de

	Atmosphère du cabinet de San Juan Bautista.	Atmosphère du cabinet de San Justo.
Azote.................	88cc'80	87cc'21
Oxygène..............	10 '23	13 '09
Acide carbonique.......	0 '97	0 '70
TOTAL.........	100cc' de mélange.	100cc' de mélange.

Dr SAENZ DIEZ.

aucune d'aspirations ou expirations forcées, beaucoup de malades, qui ne se prêteraient peut-être pas à user d'autres procédés, se soumettent avec plaisir à notre traitement atmiatrique.

Je n'insisterai pas sur l'utilité et la convenance de mon système d'inhalation, ni à en démontrer ses avantages pour la guérison et le soulagement des affections de l'appareil respiratoire, premièrement, parce que vous la trouverez bien démontrée dans la brochure que j'ai publiée en 1879 et que j'ai déjà citée ; et en deuxième lieu, parce que la meilleure démonstration que l'on puisse en faire est écrite dans les tableaux statistiques et officiels, qui suivent ci-après. D'ailleurs, on peut trouver ces chiffres officiels à la direction générale de la Bienfaisance et de la Santé du Ministère de l'Intérieur, en Espagne.

Je dois avertir que l'Etablissement ayant été fermé pendant la guerre civile et n'ayant été déclaré officiellement d'utilité publique qu'en 1876, il m'est impossible de présenter les documents correspondant aux années de 1870 jusqu'en 1875.

I. — *SAISON DE L'ANNÉE 1876*

	Guéris	Soulagés	Sans résultat	Succès inconnu	Décédé	Total
Coryza chronique....	2	2	»	2	»	6
Hypérémie laryngée chronique	7	3	»	4	»	14
Laryngite catarrhale..	3	5	7	14	»	29
— syphilitique	»	2	1	3	»	6
Phthisie laryngée....	»	1	2	2	»	5
Bronchite chronique.	10	85	25	78	»	198
Bronchite chronique avec emphysème..	»	15	4	14	»	33
Coqueluche.	»	»	»	1	»	1
Pleurésie chronique..	»	2	3	5	»	10
Pneumonie chronique	»	25	14	26	»	65
Hémoptysie active idiopathique......	»	10	1	11	»	22
Hémoptysie symptômatique des affections cardiaques ..	»	2	3	3	»	8
Hémoptysie symptômatique des affections tuberculeuses	»	11	4	16	»	31
Hémoptysie supplémentaire de la menstruation.....	2	3	»	5	»	10
Phthisie pulmonaire aiguë..........	»	»	1	3	1	5
Phthisie pulmonaire chronique, 1er degré, engorgement.	»	11	4	10	»	25
Phthisie pulmonaire chronique, 2e degré, ramollissement	»	4	10	14	»	28
Phthisie pulmonaire chronique, 3e degré, ulcération caverneuse........	»	2	5	6	1	14
TOTAL........	24	183	84	217	2	510

II. — SAISON DE L'ANNÉE 1877

	Guéris	Soulagés	Sans résultat	Succès inconnu	Décédés	Total
Coryza chronique...	1	3	»	»	»	4
Hypéremie laryngée chronique	1	1	1	4	»	7
Laryngite catarrhale..	1	17	4	18	»	40
— syphilitique	»	2	»	2	»	4
Phthisie laryngée...	»	»	4	»	»	4
Bronchite chronique.	3	83	15	76	»	177
Bronchite chronique avec emphysème..	»	16	5	19	»	40
Pleurésie chronique..	»	6	1	4	»	11
Pneumonie chronique	2	35	6	25	»	68
Hémoptysie active idiopatique.......	3	10	»	10	»	23
Hémoptysie symptô-matique des affec-tions cardiaques...	»	1	»	2	»	3
Hémoptysie symptô-matique des affec-tions tuberculeuses	»	6	1	7	»	14
Hémoptysie supplé-mentaire de la menstruation.....	»	3	»	3	»	6
Phthisie pulmonaire aiguë	»	»	2	»	2	4
Phthisie pulmonaire chronique, 1er de-gré, engorgement.	»	31	2	12	»	45
Phthisie pulmonaire chronique, 2e de-gré, ramollissement	»	6	4	3	»	13
Phthisie pulmonaire chronique, 3e de-gré, ulcération ca-verneuse	»	»	3	»	»	3
TOTAL........	11	220	48	185	2	466

III. — SAISON DE L'ANNÉE 1878

	Guéris	Soulagés	Sans résultat	Succès inconnu	Décédés	Total
Coryza chronique....	3	»	»	1	»	4
Hypéremie laryngée chronique	5	3	»	4	»	12
Laryngite catarrhale.	3	30	2	17	»	52
— syphilitique	»	»	1	»	»	1
Phthisie laryngée....	»	4	4	1	»	9
Bronchite chronique	16	119	13	68	»	216
Bronchite chronique avec emphysème..	»	31	10	16	»	57
Coqueluche	»	2	»	»	»	2
Pleurésie chronique..	»	4	1	6	»	11
Pneumonie chronique	5	11	2	9	»	27
Hémoptysie active idiopathique......	»	4	»	2	»	6
Hémoptysie supplémentaire de la menstruation	6	36	7	16	»	65
Phthisie pulmonaire chronique, 1er degré, engorgement..	»	36	6	17	»	59
Phthisie pulmonaire chronique, 2e degré, ramollissement	»	36	13	20	»	69
Phthisie pulmonaire chronique, 3e degré, ulcération caverneuse	»	11	11	8	2	32
Disposition catarrhale	9	21	»	14	»	44
Total........	47	348	70	199	2	666

IV. — SAISON DE L'ANNÉE 1879

	Guéris	Soulagés	Sans résultat	Succès inconnu	Décédés	Total
Coryza chronique....	4	2	»	»	»	6
Hypéremie laryngée chronique........	6	3	»	3	»	12
Laryngite catarrhale..	8	35	5	23	»	71
— syphilitique	»	2	2	5	»	9
Phthisie laryngée....	»	1	2	3	»	6
Chorée laryngée.....	»	1	»	»	»	1
Bronchite chronique..						
Bronchite chronique	19	126	18	139	»	302
avec emphysème..	»	39	12	24	»	75
Coqueluche	1	»	»	»	»	1
Pleurésie chronique..	»	6	1	3	»	10
Pneumonie chronique	9	48	2	31	»	90
Hémoptysie active idiopathique......	6	20	4	16	»	46
Hémoptysie symptômatique des affections tuberculeuses	»	15	6	14	»	35
Hémoptysie supplémentaire de la menstruation.....	1	3	1	»	»	5
Phthisie pulmonaire aiguë	»	»	1	3	3	7
Phthisie pulmonaire chronique, 1er degré, engorgement..	5	49	5	27	»	86
Phthisie pulmonaire chronique, 2e degré, ramollissement	»	18	16	20	»	54
Phthisie pulmonaire chronique, 3e degré, ulcération caverneuse	»	4	10	17	»	31
Disposition catarrhale	19	30	»	10	»	59
Total........	78	402	85	338	3	906

V. — SAISON DE L'ANNÉE 1880

	Guéris	Soulagés	Sans résultat	Succès inconnu	Décédés	Total
Coryza chronique....	2	8	»	»	»	10
Hypéremie laryngée chronique	6	2	2	4	»	14
Laryngite catarrhale..	7	35	8	28	»	78
— syphilitique	»	2	2	3	»	7
Phthisie laryngée....	»	»	1	5	»	6
Bronchite chronique.	34	161	21	162	»	378
Bronchite chronique avec emphysème..	»	25	6	34	»	65
Coqueluche........	»	2	»	2	»	4
Pleurésie chronique..	»	5	3	4	»	12
Pneumonie chronique	7	32	8	30	»	77
Hémoptysie active...	6	33	7	36	»	82
Hémoptysie supplémentaire de la menstruation.....	»	5	»	6	»	11
Phthisie pulmonaire chronique, 1er degré, engorgement .	3	31	3	20	»	57
Phthisie pulmonaire chronique, 2e degré, ramollissement	»	10	12	18	»	40
Phthisie pulmonaire chronique, 3e degré, ulcération caverneuse	»	3	8	15	1	27
Disposition catarrhale	19	35	»	15	»	69
TOTAL........	84	389	81	382	1	937

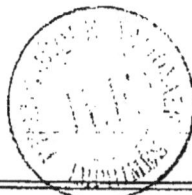

VI. — SAISON DE L'ANNÉE 1881

	Guéris	Soulagés	Sans résultat	Succès inconnu	Décédés	Total
Coryza chronique....	4	3	»	1	»	8
Hypérémie laryngée chronique	7	8	2	2	»	19
Laryngite catarrhale.	12	31	9	34	»	86
Phthisie laryngée....	»	1	1	6	»	8
Bronchite chronique.	39	181	16	157	»	393
Bronchite chronique avec emphysème..	»	27	8	35	»	70
Coqueluche	»	2	»	3	»	5
Pleurésie chronique.	»	5	»	5	»	10
Pneumonie chronique	8	15	4	47	»	74
Hémoptysie active....	11	44	3	49	»	107
Hémoptysie supplémentaire de la menstruation	»	3	»	2	»	5
Phthisie pulmonaire chronique, 1er degré, engorgement.	5	29	3	15	»	52
Phthisie pulmonaire chronique, 2º degré, ramollissement	»	16	8	26	»	50
Phthisie pulmonaire chronique, 3e degré, ulcération caverneuse	»	5	23	28	1	57
Disposition catarrhale	25	30	»	28	»	83
TOTAL........	111	400	77	438	1	1027

VII. — SAISON DE L'ANNÉE 1882

	Guéris	Soulagés	Sans résultat	Succès inconnu	Décédés	Total
Coryza chronique....	5	4	»	2	»	11
Hypérémie laryngée chronique	10	7	1	1	»	19
Laryngite catarrhale.	20	29	8	46	»	103
— syphilitique	1	3	2	5	»	11
Phthisie laryngée ...	»	2	2	6	»	10
Bronchite chronique.	41	192	24	162	»	419
Bronchite chronique avec emphysème..	»	31	11	40	»	82
Coqueluche........	»	3	»	3	»	6
Pleurésie chronique..	»	4	»	6	»	10
Pneumonie chronique	9	12	5	36	»	62
Hémoptysie active...	16	46	7	39	1	109
Hémoptysie supplémentaire de la menstruation.....	»	2	»	5	»	7
Phthisie pulmonaire chronique, 1er degré, engorgement.	8	42	6	27	»	83
Phthisie pulmonaire chronique, 2e degré, ramollissement	»	15	9	19	»	43
Phthisie pulmonaire chronique, 3e degré, ulcération caverneuse	»	4	24	34	4	66
Disposition catarrhale	46	62	»	49	»	157
TOTAL........	156	458	99	480	5	1198

VIII. — *SAISON DE L'ANNÉE 1883*

	Guéris	Soulagés	Sans résultat	Succès inconnu	Décédés	Total
Coryza chronique ...	6	4	»	3	»	13
Hypérémie laryngée chronique	11	8	1	2	»	22
Laryngite catarrhale..	19	24	5	41	»	89
Phthisie laryngée....	»	2	3	8	»	13
Bronchite chronique..	43	174	32	159	»	408
Bronchite chronique avec emphysème..	»	27	12	35	»	74
Coqueluche	»	2	»	5	»	7
Pleurésie chronique.	»	3	1	4	»	8
Pneumonie chronique	10	16	7	31	»	64
Hémoptysie active ...	9	33	10	41	»	93
Hémoptysie supplémentaire de la menstruation.....	»	2	»	2	»	4
Phthisie pulmonaire chronique, 1er degré, engorgement..	6	49	5	15	»	75
Phthisie pulmonaire chronique, 2e degré, ramollissement	»	13	10	28	»	51
Phthisie pulmonaire chronique, 3e degré, ulcération caverneuse	»	5	24	30	4	63
Disposition catarrhale	51	69	»	58	»	178
TOTAL........	155	431	110	462	4	1162

IX. — SAISON DE L'ANNÉE 1884

	Guéris	Soulagés	Sans résultat	Succès inconnu	Décédés	Total
Coryza chronique ...	6	4	»	3	»	13
Hypéremie laryngée chronique	10	9	3	4	»	26
Laryngite catarrhale..	17	30	8	38	»	93
— syphilitique	»	2	2	5	»	9
Phthisie laryngée ...	»	1	2	5	»	8
Bronchite chronique.	48	192	21	162	»	423
Bronchite chronique avec emphysème..	»	21	10	30	»	61
Coqueluche	»	5	»	6	»	11
Pleurésie chronique..	»	6	»	7	»	13
Pneumonie chronique	9	19	8	51	»	87
Hémoptysie active...	13	39	5	35	»	92
Hémoptysie supplémentaire de la menstruation	»	2	»	6	»	8
Phthisie pulmonaire chronique, 1er degré, engorgement..	6	35	7	21	»	69
Phthisie pulmonaire chronique, 2e degré, ramollissement	»	18	12	31	»	61
Phthisie pulmonaire chronique, 3e degré, ulcération caverneuse	»	7	27	34	3	71
Disposition catarrhale	36	20	»	18	»	74
TOTAL........	145	410	105	456	3	1119

X. — SAISON DE L'ANNÉE 1885

	Guéris	Soulagés	Sans résultat	Succès inconnu	Décédés	Total
Coryza chronique....	2	1	»	2	»	5
Hypéremie laryngée chronique	4	4	1	3	»	12
Laryngite catarrhale	8	16	4	10	»	38
Phthisie laryngée ...	»	2	1	2	1	6
Bronchite chronique.	28	79	11	31	»	149
Bronchite chronique avec emphysème..	»	19	10	12	»	41
Coqueluche	»	3	»	1	»	4
Pleurésie chronique.	»	4	1	3	»	8
Pneumonie chronique	7	22	5	10	»	44
Hémoptysie active...	3	10	3	7	»	23
Hémoptysie supplémentaire de la menstruation.....	»	3	»	4	»	7
Phthisie pulmonaire chronique, 1er degré, engorgement.	2	20	6	10	»	38
Phthisie pulmonaire chronique, 2e degré, ramollissement	»	13	14	9	»	36
Phthisie pulmonaire chronique, 3e degré, ulcération caverneuse	»	4	10	5	2	21
Disposition catarrhale	8	12	»	11	»	31
TOTAL........	62	212	66	120	3	463

XI. — RÉSUMÉ GÉNÉRAL

	Guéris	Soulagés	Sans résultat	Succès inconnus	Décédés	Total
Coryza chronique....	35	31	»	14	»	80
Hypéremie laryngée chronique	67	48	11	31	»	157
Laryngite catarrhale..	98	252	60	269	»	679
— syphilitique	1	13	10	23	»	47
Phthisie laryngée....	»	14	22	38	1	75
Bronchite chronique.	281	1392	196	1194	»	3063
Bronchite chronique avec emphysème..	»	251	88	259	»	598
Coqueluche	1	19	»	21	»	41
Pleurésie chronique..	»	45	11	47	»	103
Pneumonie chronique	67	260	66	303	»	696
Hémoptysie active idiopathique......	72	256	42	253	1	624
Hémoptysie symptômatique des affections cardiaques ..	»	3	3	6	»	11
Hémoptysie symptômatique des affections tuberculeuses	»	32	11	37	»	80
Hémoptysie supplémentaire de la menstruation.....	3	30	1	35	»	69
Phthisie pulmonaire aiguë..........	»	»	4	6	6	16
Phthisie pulmonaire chronique, 1er degré, engorgement..	35	333	47	174	»	589
Phthisie pulmonaire chronique, 2e degré, ramollissement	»	149	108	188	»	445
Phthisie pulmonaire chronique, 3e degré, ulcération caverneuse	»	45	145	177	18	385
Disposition catarrhale	213	279	»	203	»	695
Chorée laryngée.....	»	1	»	»	»	1
TOTAL........	873	3453	825	3277	26	8454

XII. — RÉSUMÉ GÉNÉRAL PAR ANNÉES

	Guéris	Soulagés	Sans résultat	Succes inconnu	Décédés	Total
Dans la saison de 1876.............	24	183	84	217	2	510
Dans la saison de 1877	11	220	48	185	2	466
Dans la saison de 1878.............	47	348	70	199	2	666
Dans la saison de 1879.............	78	402	85	338	3	906
Dans la saison de 1880.............	84	389	81	382	1	937
Dans la saison de 1881.............	111	400	77	438	1	1027
Dans la saison de 1882.............	156	458	99	480	5	1198
Dans la saison de 1883.............	155	431	110	462	4	1162
Dans la saison de 1884.............	145	410	105	456	3	1119
Dans la saison de 1885.............	62	212	66	120	3	463
TOTAL........	873	3453	825	3277	26	8454

Du résumé général annuel, tableau n° XII, il résulte que le total des malades de l'appareil respiratoire traités aux thermes d'Urberuaga de Ubilla, dans les dix saisons officielles, de 1876 à 1885 inclusivement, a été de 8,454 ; ce chiffre représente 63,71 pour 100 du total des malades qui y sont venus.

En déduisant de ce nombre 3,277, dont le résultat est inconnu, soit 38,76 pour 100, lequel nombre résulte de ce que beaucoup de malades n'ont pas remis l'ordonnance de prescription comme le réclame le règlement officiel des bains et eaux minérales médicinales, il reste 5,177 malades qui représentent 61,24 pour 100, et dont le résultat est connu.

Le classement de ceux-ci peut être ainsi établi :

Guéris......... 873 soit approximativement 16,86 %
Soulagés....... 3,453 — 66,70 %
Sans résultat... 825 — 15,94 %
Décédés........ 26 — 0,30 %

——— du nombre total des malades.

Total...... 5,177.

Il faut ajouter que les malades figurant maintenant comme soulagés, figureront probablement, dans les années successives, dans le cadre des guéris, puisqu'ils sont entrés en voie de guérison.

Dans le tableau n° XI, on remarque 26 décès dans l'espace de dix années : de ces 26 malades décédés, l'un souffrait d'une laryngite tuberculeuse primitive qui s'irrita horriblement avec les fumigations d'acide sulfureux qu'il fut obligé de prendre comme désinfectant contre la dernière épidémie cholérique. Ces fumigations lui produisirent une ulcération étendue dans les cartilages et causèrent des phénomènes d'inflammation laryngienne, qui amena la mort par asphyxie ; un autre des décédés figure parmi les atteints d'hémoptysie active idiopathique : des 24 restants, 6 ont succombé au cours rapide de tuberculose aiguë, et 18 à la tuberculose chronique de période avancée avec des ulcérations caverneuses et une profonde altération organique.

Donc, si l'on examine le tableau n° XI, on observe que le plus grand nombre de guérisons ont été obtenues sur des malades souffrant de *coryza chronique* et d'*hypérémie laryngienne primitive*. Ces malades figurent pour plus de 53 pour 100. A ceux-ci succèdent les malades sujets aux catarrhes, dont les guérisons, qui atteignent 43 pour 100 et le soulagement qu'ils éprouvent, suffisent à démontrer la grande valeur *prophylactique* des eaux minérales d'Urberuaga de Ubilla.

En effet, j'ai obtenu de beaux résultats, surtout sur les natures faibles, anémiques ou chloro-anémiques qui, après le traitement hydro-minéral, sont restées en bonnes conditions pour pouvoir vaincre les vicissitudes atmosphériques, sans se voir obligées de garder le lit pour les bronchites et laryngites aiguës qui les fatiguaient tellement avant d'avoir fait usage des eaux précitées et des inhalations azotées.

Chez les malades de *laryngite chronique*, les cas de guérison sont très dignes d'appeler l'attention, comme ceux de *bronchite chronique* qui, en plus grande partie, cèdent. Plus de 23 pour 100 se sont guéris de la première, et près de 20 pour 100 de la deuxième, au bout de trois ou quatre semaines de séjour aux thermes dont je m'occupe. Je dois dire aussi qu'en Espagne l'on ne prescrit pas les eaux minérales édulcorées avec des sirops médicinaux, et que mes malades les prennent telles qu'elles sortent des sources.

Près de 20 pour 100 des guérisons de malades atteints d'hémoptysie active idiopathique se voient sur les tableaux statistiques ; ces mêmes guérisons, les malades viennent les chercher à des époques où l'Etablissement n'est pas officiellement ouvert au public. Ceci prouve encore que les résultats obtenus sont bons.

Dans les *pneumonies chroniques,* on obtient aussi de grands avantages, quoique pas aussi brillants que dans les affections antérieures. Elles sont d'autant plus grandes que la chronicité est récente et les points d'invasion plus limités.

Dans la *phthisie pulmonaire aiguë*, j'ai vu un remarquable soulagement en ce qui concerne ses symptômes les plus ennuyeux et tout ce qui touche à l'état de la nutrition en général ; car beaucoup de malades qui, à leur arrivée, pouvaient à peine digérer les aliments les plus simples, sont repartis avec un meilleur aspect et même en pesant 5 ou 6 kilogr. de plus qu'à leur arrivée.

Quant à la *phthisie chronique*, on peut voir, dans le tablean statistique déjà cité, que dans sa première période on a pu arriver à quelques guérisons, en combinant le traitement hydro-minéral avec la résidence des malades, cela pendant l'hiver et dans des climats comme celui de Malaga, Almeria, Alicante, Murcie, nos îles Canaries, etc., et avec un bon régime thérapeutique, soumis aux prescriptions de mes estimés et honorables collègues les docteurs Jaccoud, Grancher y G. Seé.

On observe aussi assez de malades soulagés dans les *périodes avancées de la tuberculose pulmonaire*, mais cependant en nombre inférieur à ceux qui souffrent des affections indiquées auparavant.

Il est clair que les laryngites de nature *spécifique* soit syphilitique ou même dartreuse, n'ont pas leurs principales indications dans ces eaux ; mais elles ne laissent pas d'être utiles après avoir soumis les malades aux traitements aptes à leur guérison, et spécialement chez ceux qui ont déjà fait usage de préparations mercurielles ou arsenicales pendant quelques mois.

Les *laryngites* de nature *tuberculeuse* subissent des changements et des améliorations très remarquables, spécialement dans leurs symptômes les plus gênants.

Les cas de *coqueluche*, chez certains enfants que nous avons soignés, nous ont donné de favorables résultats, quoique quelques-uns aient été d'une assez grande intensité et la maladie de longue durée.

Quelques *pleurésies chroniques* obtiennent dans ces thermes une modification sensible, surtout celles qui laissent passage à l'extérieur au pus par les bronches, et d'autres au moyen de trajets fistulenx par les espaces intercostaux.

J'ai été témoin personnellement de deux cas curieux d'expulsion de calculs broncho-pulmonaires chez des malades affectés de phthisie pulmonaire dans sa première période. L'excès de sels alcalins, d'alcalins terreux, tels que les phosphates de soude et hypophosphite de chaux, ont beaucoup contribué à la formation de ces calculs ; et ce sont ces alcalins qui, unis à l'huile de foie de morue, ont constitué, en dehors de ces thermes, la première partie de la médication.

Voilà donc exposées les principales indications des eaux azotées d'Urberuaga de Ubilla, déduites des effets que produisent son usage et ses plus importantes applications thérapeutiques, que plus de 500 médecins espagnols ont certifiées et dont je conserve les originaux.

La pratique médicale de mon pays avait, sans savoir

qu'elles l'étaient, établi depuis plus d'un siècle à Panticosa l'usage des eaux azotées.

Postérieurement à la découverte de celles que je dirige (1870), plusieurs autres eaux azotées ont été mises à la portée des malades, qui vont avec avidité y chercher un soulagement à leurs maux. Et en vue du succès et des excellents résultats que l'on a obtenus, l'industrie a cherché des moyens propres à sa fabrication et, à l'heure qu'il est, on trouve dans les principales capitales d'Espagne (Madrid, Barcelone, Séville, Valence), de grandes installations pour l'usage des eaux azotées artificielles. Cette fabrication a passé la frontière pyrénéenne et le concessionnaire de ce privilége, a porté son industrie dans l'active capitale de cette République si aimante du progrès scientifique. La France est en effet le foyer d'où partent les rayons de l'avenir intellectuel des Sociétés ; elle met dans tout son jour les inventions de tous les peuples qui, pleins de reconnaissance, l'admirent et l'aiment avec passion.

Mais les dix minutes réglementaires sont passées, et je dois terminer ; pardonnez-moi si j'ai pu abuser de votre indulgence. Le sujet est aride, et comme mon but n'a uniquement été que d'appeler votre attention sur des faits définis et précis, ceux-ci se prêtant peu à la poésie et aux divagations de l'imagination, je crois l'avoir atteint, sinon avec des tournures brillantes de style, comme je l'aurais désiré en m'adressant à une si savante assemblée, du moins avec la sincérité qui guide toujours tous mes actes.

Ma tâche, grâce à votre bienveillance, m'a été facile. Il ne me reste plus qu'à vous remercier hautement pour la grande courtoisie avec laquelle vous avez bien voulu m'écouter et dont j'emporterai, à mon retour en Espagne, le plus agréable et le plus précieux souvenir.

CONCLUSIONS

1° L'observation clinique de plusieurs années a démontré l'utilité, en Espagne, des eaux azotées pour le soulagement et la guérison des affections de l'appareil respiratoire.

2° L'influence exercée par les eaux azotées d'Urberuaga de Ubilla sur ces maladies est très remarquable ; on observe une notable amélioration même dans la phthisie pulmonaire. On obtient assez souvent des guérisons complètes, en combinant pendant l'hiver et dans des climats propres *ad hoc* (Malaga, Alicante, Almeria, Murcie), le traitement hydro-minéral avec la résidence des malades et un bon régime thérapeutique.

3° Le plus grand nombre de guérisons obtenues à Urberuaga correspond aux malades atteints de coryza chronique et d'hypéremie laryngienne, qui figurent pour 53 pour 100 ; ceux qui sont sujets aux catarrhes jusqu'à 43 pour 100 ; d'où l'on déduit la grande valeur prophylactique de ces eaux ; les cas de laryngites chroniques sont de 23 pour 100, de bronchites de 20 pour 100, d'hémoptysie active 20 pour 100, sans compter les pneumonies chroniques, les pleurésies, coqueluches, etc., etc.

4° Les effets thérapeutiques sont prouvés par des documents statistiques et officiels qui ont été certifiés par plus de 500 médecins espagnols qui sont venus visiter l'Etablissement que je dirige.

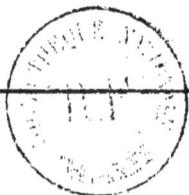

Bayonne, imprimerie A. LAMAIGNÈRE.